겜브링
3
대운동회
게임스쿨

원작 **겜브링**

기상천외한 게임을 전문적으로 다루는 대한민국 최고의 게임 크리에이터입니다. 클린하고 건전한 게임 유튜브 채널을 운영 중이며, 어린이부터 부모님들까지 전 연령층에서 두루 사랑받고 있습니다.

글 **체리**

생각 한 줄, 마음 한 줌, 표현 한 획. 과학, 인문, 예술에서 스토리텔링이 가지고 있는 힘을 좋아합니다. 어린이들에게 즐거운 웃음을 줄 수 있는 이야기를 만들기 위해 노력하고 있습니다.

그림 **작은비버**

자기만의 공간이 없었던 사람을 위해, 2018년 독립 출판 펀딩으로 《빵요정의 그런 날》을 펴냈습니다. 2021년 《지역의 사생활 99: 광주편》으로 '오늘의 우리만화상'을 수상했으며, 2022년 SNS로 시작한 《나는 100kg이다》를 출판했습니다. 힘든 때를 공감하고, 위로하는 그림을 그리기 위해 노력하고 있습니다.

감수 **샌드박스네트워크**

최근 각광받고 있는 MCN 업계의 선두 주자입니다. '크리에이터들의 상상력으로 세상 모두를 즐겁게!'라는 비전을 가지고 크리에이터가 자신의 창의력과 능력을 마음껏 발휘하는 디지털 문화 생태계를 조성하고 있습니다. 대표 크리에이터로는 도티, 파뿌리, 겜브링, 인싸가족, 토깽이네, 슈뻘맨, 백앤아 등이 있습니다.

원작 **겜브링** 글 **체리** 그림 **작은비버**

등장인물

겜브링

게임 전문 크리에이터.
가상 스포츠 세상 속으로
들어가 기상천외한
대결을 펼친다.

브룽E

겜브링의 열렬한 팬.
게임 속에 빠진 겜브링의
도우미로 자진하여
나선다.

다크브링

검은 기운이 스며든 겜브링.
대결 중에 반칙을 써서
겜브링 일행을 곤경에
빠뜨린다.

다크브롱

검은 기운이 스며든 브롱E.
다크브링을 도와
겜브링 일행을
훼방 놓는다.

차례

겜브링 형!
이게 뭐예요!

꺄아악

헉

건강 검진표

겜브링 님

뭐가?

냠냠

겜브링 형!
건강 검진 결과가
아주 심각하다고요!
나뿜
나뿜
후드티를 입어도
선명하게 보이는
저 펑퍼짐한
허리 라인…!
안 되겠다.
후비적
우물우물
난 또
뭐라고.
브. 또. 먹?
어서
빨리 가요!
아직 모니터링
안 끝났는데!
질질
어디 가는
건데?

더 건강 헬스장
찌익
브롱E~, 도대체 여기가 어디야?
그, 그게….
아! 고깃집이에요!
여기가 고기…?
저… 헬스 등록하러 왔는데요….
허억
아주 잘 오셨네요.
기초체력검사실
먼저, 저쪽에서 기초 체력 검사부터 하시는 건 어떨까요?
척
고깃집이라며! 당했다.

속도 2
헉…
헉…
2개…!
바들
3개…!
바들
그으윽
2개…!
폴짝
10cm
!
바, 발이
안 닿아!
끄응
브롱E~,
운동했더니 힘드네.
이제 집에 가자!
응?

빨리 들어가서
쉬고 싶다~!
헉...
헉...
예상했던 것보다
더 심각하군.

제 헬스 인생
10년간, 이런 분은
처음입니다.

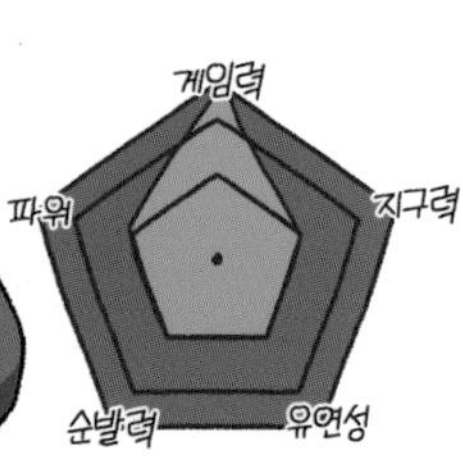
게임력
파워
지구력
순발력
유연성

LV. ?
HP
MP
파워
지구력
게임력
순발력
유연성

흠
안 되겠어.
그 방법을
쓰는 수밖에.

형~. 모처럼
운동도 했는데,
피로해소실에 가서
쉬는 건 어때요?
척
?

좋아.
오랜만에
가 볼까?
후드득
후유~!
무사히 안 들키고
유도했다.
자~ 자,
여기 앉아 보세요.
아이고,
허리야!
툭
척

제1장
벌떡벌떡
넘어라, 거대 허들 달리기!

헤롱
헤롱
끼익
끼익
헤롱
헤롱
여기가 게임 스테이지 장소인가?
우후후
터엉
아무것도 안 보이기는 한데….
마라탕…
탕후루…
그나저나 이번엔 어떤 게임이 펼쳐질까?
우리 겜브링 형이 얼마나 멋진 게임 실력을 보여 줄지 벌써부터 기대되는걸!
꺄
꺄
훽
형!
좀 일어나 봐요!
흠냐 흠냐….

정신 좀
차려 보시라고요!
찰싹
지직
빠지직
빠지직
어! 저기
탕후루다!
비몽
사몽
탕후루?
어디?
어디!
ㅋㅋㅋㅋㅋ
응? 뒤에서
무슨 소리가….
홱
앗!
깜짝

안녕, 겜브링?
나는 기상천외한
거대 운동회에서 상대할,
또 다른 너인
다크브링….
그리고 나는
또 다른 브롱E인
다크브롱이지.
두둥
다크브링이랑….
다크브롱…?

우웅
자, 먼저
이 주사위를
다섯 번 던져 봐.
잠깐, 운동이라니?
브롱E! 열심히 운동한
나에게 피로 해소시켜
준다고 하지 않았어?
흔들
맞, 맞잖아요!
형이 세상에서 제~일로
좋아하는 게임!
헤롱
형은 게임해야
피로가 풀린다면서요,
하하하!
헤롱
지방 방송은
끄시고.
딱
어서 주사위를
던지는 게 좋을 거야.
펑!
우웅
우웅

데구루루

데구루루

데구루루

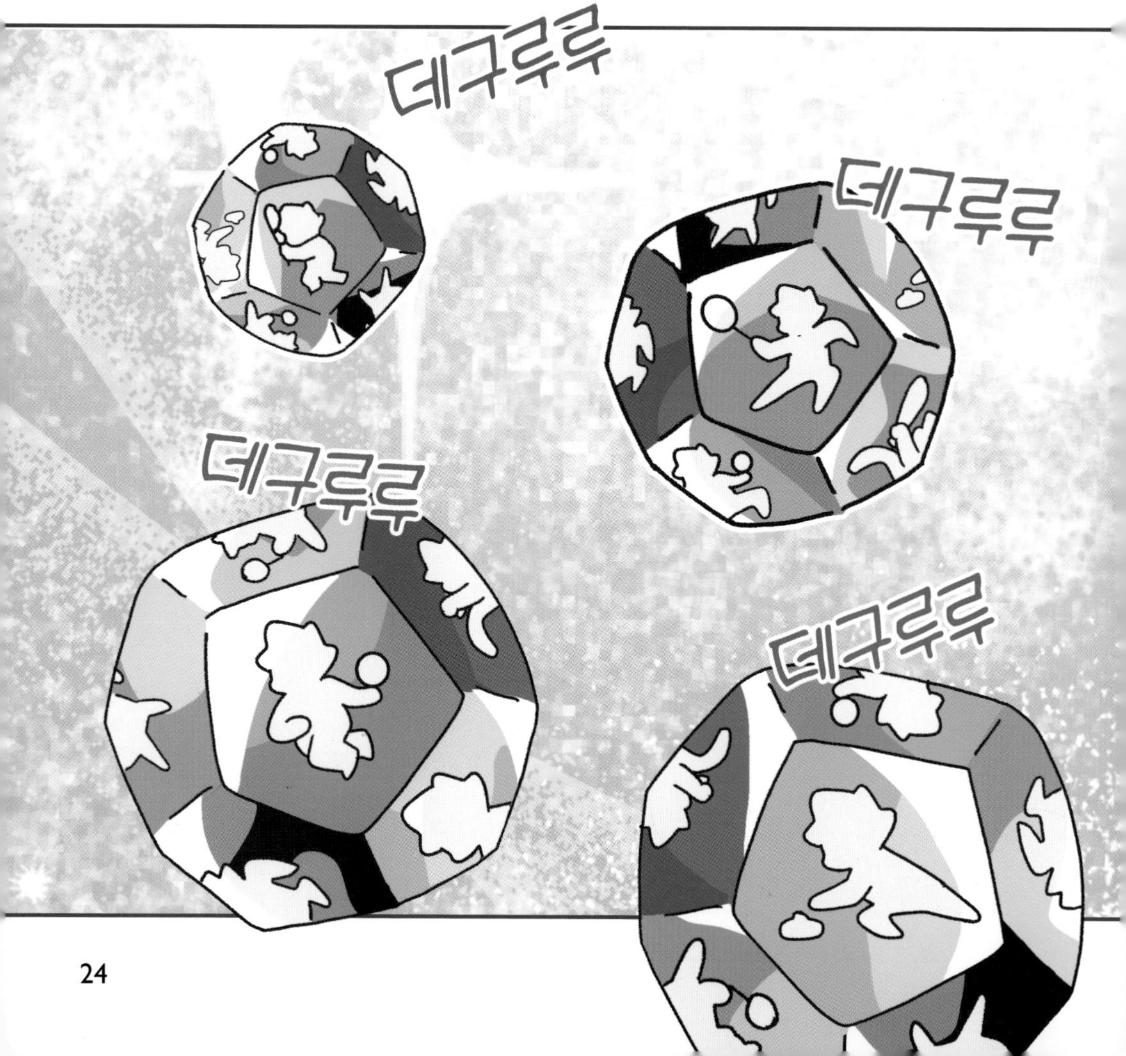

데구루루

좋았어.
경기 종목은
다 정해졌고.
딱
응?
덜덜
덜덜
바, 바닥이
흔들려요!
뭉게
뭉게
쑤욱
저 뒤에서
뭔가 솟아오르는 것
같은데?

Stage 3
테니스 경기장
뭉게
뭉게
Stage 2
야구 경기장
겜브링~!
나와 스포츠 대결을
펼칠 맵을
소개하지.
Stage 1
육상 경기장

Stage 4
농구 경기장
Stage 5
컬링 경기장
쿠콰콰콰

만일, 게임에서 나가지 못할 경우….

으캬캬캬캬

뭐야, 내 겜브링 돌려줘요~!

으앙

바로 내가 현실의 널 대신할 진짜 겜브링이 되니깐 말이야, 으하하!

I♡겜브링

다크브링의 계획을 막아야 해!

지직

지지직

스윽

의지활활

불끈

그럼, 우리는 먼저 가서 기다리고 있겠다.

시무룩
브링무룩
하지만 약골, 운동치인 나에겐 너무 불리한 게임인걸….
펑
뭐, 뭐지?
짜안
안녕하세요, 겜브링!
저는 대운동회 게임 진행을 도와드릴 NPC, 삐삐예요, 삐삐!
호루라기 NPC 삐삐

게임의 시작은
뭐니 뭐니 해도
캐릭터 선택부터
아니겠어요, 삐삐?
맞아!
없으면
섭섭하지.

Ace
에이스

Sprout
새싹

Sickman
허약이
자~! 각 플레이어는
마음에 드는 캐릭터를
골라 주세요, 삐삐!

꾸욱
당연히, 나는 내 뛰어난 게임 실력을 뒷받침할 수 있는 에이스 캐릭터로 하겠어!
꾸욱
전 그럼 유망주를 뜻하는 새싹 캐릭터로 할래요!
퍼어엉!
삐삐삐! 좋아요! 에이스브링, 새싹브롱!
이제, 첫 번째 경기가 펼쳐질 거대 허들 경기장으로 가세요, 삐삐!
탁 탁 탁!
좋았어! 이번 게임도 완벽하게 클리어 해 주겠어!
좋아요~!

드디어 올림픽의 꽃,
육상 경기를
시작하겠습니다!

와아!

와아

지금부터 트랙 위에
등장하는 기상천외한
장애물을 넘으면서
달려야 하는

거대 허들 달리기가
펼쳐질 예정인데요.

두리번

헉…

후후

두리번

이게 무슨
상황일까요?

후후

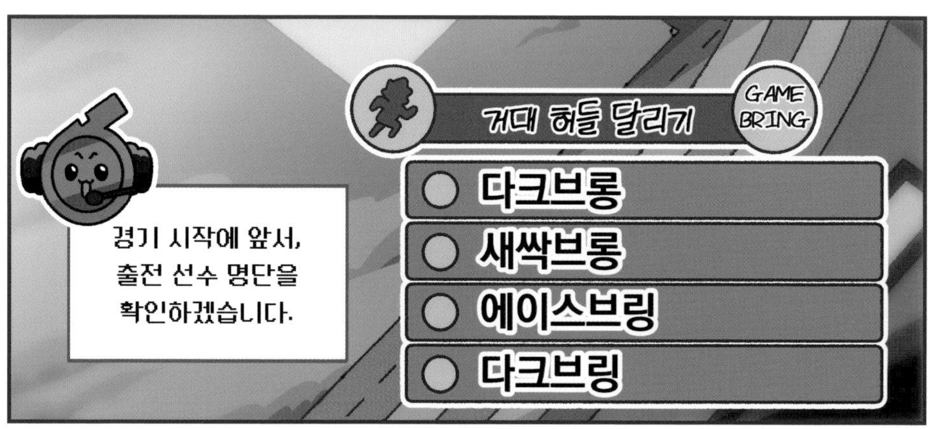

새싹브롱, 무슨 일 있어?

너도 어서 스트레칭을 시작하는 게 좋아.

근육을 풀어 줘야 부상 위험을 줄일 수 있거든.

머뭇

그, 그게…

그게…. 허들 달리기는 처음이라….

난 또! 경기 전 급똥이라도 마려운 줄 알았네. 걱정 마.

허들 육상 경기에는 뉴턴의 운동 3법칙이 모두 포함되어 있어서,

이 법칙을 잘 활용하면 돼.

헛차

어떤 법칙이요?

먼저, 출발선의 발판에서 쪼그려 앉아 출발 준비를 하고 있을 때는

슈웅~

몸이 계속해서 정지하고 있는데, 이걸 첫 번째 법칙인 관성의 법칙이라고 해.

꾸욱

쉽게 말하면, 그 상태를 유지하려는 현상이야.

그리고 허들 앞에서 발을 땅바닥에 힘차게 내디디면

반발력이 생기면서 높이 뛰어오를 수가 있는데,

이것을 세 번째 법칙인 작용 · 반작용의 법칙이라 하지….
앗!

컥…!
켁…!

뿌
앙

크흠흠. 아무튼,
세 가지 법칙을 제때에
잘 활용해야 보다
빨리 달릴 수 있어.
이 원리를 명심한다면
분명 좋은 결과를
얻을 수 있을 거야.
우욱
웩!
헤롱
흥, 그래 봤자 소용 없어.
우리에게 전혀 상대가
안 될걸!
어후, 방귀 냄새가
왜 이렇게 심해!
도대체 뭘 먹은 거야?

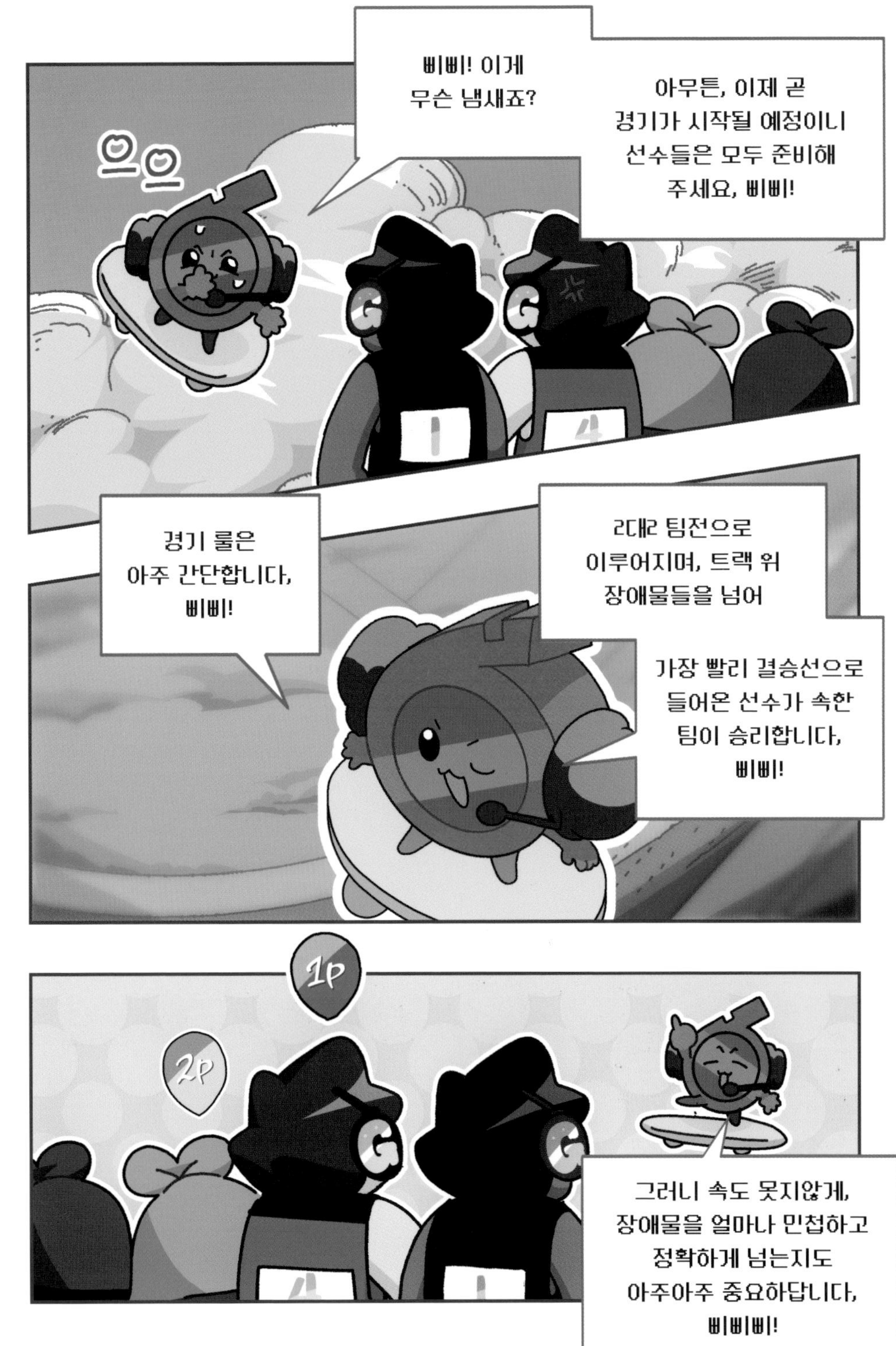
으으
삐삐! 이게
무슨 냄새죠?
아무튼, 이제 곧
경기가 시작될 예정이니
선수들은 모두 준비해
주세요, 삐삐!
경기 룰은
아주 간단합니다,
삐삐!
2대2 팀전으로
이루어지며, 트랙 위
장애물들을 넘어
가장 빨리 결승선으로
들어온 선수가 속한
팀이 승리합니다,
삐삐!
1p
2p
그러니 속도 못지않게,
장애물을 얼마나 민첩하고
정확하게 넘는지도
아주아주 중요하답니다,
삐삐삐!

모두
준비하시고,

그런데. 그런 것 치고는
허들이 달랑 한 개라니…,
뭔가 이상한데?

1p

긴장~

갑자기
숨겨진 장애물이
튀어나올지도 모르니
긴장해야겠어…!

잊지 말자,
관성, 가속도,
작용 · 반작용….

1p

2p

게임 시작!

쥐릿
우아아
우아아
1p
2p
A
4
5
G
D
타앗

쌔애애

헉!

히익!
엄청 빠르잖아?

우아아

비슷한 시점에
출발을 한 가운데,

에이스브링 팀의
새싹브롱 선수만 더딘
모습이네요, 삐삐!

애앵!

노란색 동그라미
타이밍에 맞춰서….

폴짝

이런! 남은
아이템 박스가
하나도 없잖아.

첫 번째 장애물인
음표 허들을 아주
완벽하게 넘는 다크브링!
후훗,
아이템 박스
하나는 내 것이다!
선두에 있는 다크브링이
가장 먼저 아이템 박스를
획득합니다, 삐삐!
타앗
그 뒤로 다크브롱이
나머지 아이템 박스를
획득하네요, 삐!
나머지
하나는
내가~!

팟
아까워라,
내가 조금만
더 빨랐어도…!
브링무룩
흔들
잠깐!
지, 지진?
저, 저게
뭐지?

뚜둑
쑤욱
자, 두 번째
장애물인 거대 첼로
장애물입니다, 삐!
선수들은 과연 키보다
열 배는 큰, 이 장애물을
무사히 넘어갈 수
있을까요? 삐?
쑤우욱
쑤우욱
앗!
엄청 크잖아!

크큭.
팟
냥냥젤리 아이템은 무슨 효과가 있는 거지?
쏘옥
쏘옥
다크브링 팀이 아이템 박스에서 얻은 냥냥젤리 아이템을 사용해 장애물을 손쉽게 넘고 있네요, 삐!
척
척
크큭. 빠르게 올라가 주겠어.

이번에도
아이템은
우리 차지다!
으햐하
J
폴짝
폴짝
J키 점프로
거대 첼로를 넘기에는
택도 없는걸!
어흐흑
비, 비키세요!
에이스브링!
부딪히겠어요!
으아앙
악!
아까 방귀가 나온
엉덩이에
부딪히다니!
철퍽

으
아
으아아앙!
씻고 싶어!

잘했어, 새싹브롱!
어서 올라가!
허억
얼떨떨
허억

냥냥젤리 아이템이 없는
새싹브롱과 에이스브링은
순발력을 발휘해
첼로 줄을 타기
시작하네요, 삐!
브링
슈퍼 점프!

ㅋㅋㅋㅋㅋㅋㅋ

크크크.
어디 잘해 보시지!
다 오르기 전에
게임 오버되겠지만,
말이야!

휘익

잘 있어라,
에이스브링!

한편, 엄청난 속도로
줄을 타는 에이스브링!
새싹브룽보다
앞서갑니다, 삐삐!
쌔애애애애앵!

그동안
연타 연습을
얼마나 했는데!
파바밧
뿅
떡
아이고,
내 머리야!
헉
팟
이럴 수가!
에이스브링이
히든 아이템 박스를
찾아냈군요, 삐삐!
오예!
나이스!
에이스브링,
추잉 껌 두 개 아이템을
획득했습니다, 삐삐삐!
척

잘했어, 다크브롱! 끝이 얼마 안 남았어! 분명 우리의 승리야!

새싹브롱은 히든 아이템 박스에서 드럼 아이템을 획득했습니다, 삐삐!

통!

팟

탁

나도 아이템을…. 까악! 흔들린다!

흔들
덜덜
뭐지?
아까처럼 장애물이
나오려는 건가?
흔들
덜덜덜
쑤욱
우르르
드디어, 마지막 장애물이
등장했습니다, 삐삐!
쿠콰콰콰

두
!
까아악!
이번엔 줄도
없잖아?
히익!
괜찮아. 아까처럼
냥냥젤리
아이템을
사용하면 돼.
반짝

바로바로,
거대 실로폰 구간!
거대 허들 달리기의
하이라이트죠, 삐삐!

둥

!

삐삐, 에이스브링이
추잉 껌 아이템을
다크브링과 다크브롱을
향해 던졌습니다, 삐삐!
으윽!
이게 뭐야!
질척
끈적억
바닥에 있는
껌 때문에 속도가
줄었어요!
자석 아이템처럼
상대한테 가까이
가는 건 아니지만…,
뭐 나쁘지 않군!
새싹브롱! 아이템을
사용해 봐!
팟
제발… 좋은
아이템이길….
휘익
에잇!

삐삐, 새싹브롱이
히든 아이템박스에서 얻은
드럼 아이템을 사용하자
실로폰 장애물 앞에 드럼 점프
발판이 나타났네요, 삐삐!
팟
헉
안 돼!

이얏호!
드림 점프 발판
아이템이다!
크흑…!
안녕~
다크브링~!
이렇게 발판 위로
점프를 하면…!

폴짝
드럼 점프
발판 덕분에 엄청난
작용 · 반작용 힘을
얻었는걸!
에이스브링의 센스 있는
아이템 사용 덕분에
에이스브링이 다크브링,
다크브룽을 추월합니다!
현재 에이스브링이
1등입니다, 삐삐!
착!
나
먼저 간다~!

1st

타앗

PERFECT!

가장 먼저 결승선을
통과한 에이스브링 팀이
금메달을 획득합니다,
삐삐삐!
팟
1st
음하하!
관성의 법칙 때문에
바로 못 멈추겠군.
만세!
1
3
2

제2장 따악따악 타격해라, 자이언트 야구!

우아! 육상 경기장 푯말에 에이스브링 얼굴이 생겼어요!

힝

이게 뭐야? 내 조각 같은 외모가 다 안 담겼잖아! 조금 더 멋진 사진으로 해 주지….

그런 말도 안 되는 얘기하실 거면 빨리 게임이나 하러 가요.

질질

곧이어 자이언트 야구
점수 내기 경기가
시작됩니다.

에이스브링 팀은
경기장으로
나와 주세요, 삐삐!

우 아

룰은 아주
간단해요,
삐삐!

VS

한 공격권 동안
에이스브링 팀이
다크브링 팀의
수비를 공략해

점수를 얻으면
된답니다, 삐삐!

에이스브링!
에이스브링!
쪽
에이스브링!
갑자기 게임
중도 포기하고
싶어졌어…
저도요…

일반 야구 경기처럼
진행하면 재미가
없을 테니,
?
뭐가 있는
걸까요?
각자 랜덤 아이템 박스를
뽑아 보세요, 삐삐!

으득
이번엔 봐주지
않겠어!
훗, 어디 한번
잘해 보라고~!

삐삐!
에이스브링 팀은
모두 꽝을 뽑았습니다!
헉
짜악
바로 아이템을
사용할까?
반면 다크브링은 문어
아이템, 다크브롱은
꽃게 아이템을
뽑았네요, 삐삐!
꽝
꽝
팟
좋아요!
다크브링과
다크브롱이 아이템을
사용하네요, 삐삐!
뭐야!
말도 안 돼!
과연 어떤
야구 경기가 될지
궁금합니다, 삐삐!
공격을 할
에이스브링 팀은
어서 타석으로
이동해 주세요, 삐삐!

슈슈슉
착
착
착

까악!
다크브링 팀이
거대 문어 투수와
거대 꽃게 외야수들로
변했어요!
크크크….

울먹
저희는
아무런 아이템도
없는데, 어떡하죠?
새싹브롱이~
걱정하지 마.
스윽

야구 배트를 회전시켜
야구공을 때리면
둘 사이의 충돌로 인해
진동이 생기는데,
sweet spot
이때
무게 중심과 가까이 있는
부분(sweetspot)으로
야구공을 타격하면 손에
진동이 덜 발생해.
후후
척
까짓것 멋지게
굿 바이 홈런을
날려 주겠어!
그러면
손 대신 야구공에
큰 에너지가 전달되면서,
야구공은 더 멀리
날아가게 되지.
꺄아~
에이스브링…
정말 멋져요!

긴장~
삐삐,
경기 시작!
투웅~
뭔데!
야구공이 왜 이렇게
크고 빨라?
그래도 내가 누구야?
바로 에이스브링!
으랏차차
헛스윙!
1 스트라이크,
삐삐!

크흠!
이런~!
빨라도
너무 빨라….
투웅
다, 다시…
침착하게….

쌔애앵!
휘
릭
2 스트라이크,
삐삐!

퉁!

지금이다!

깡!

와우! 공을 맞혔어요!

오~예!

휘이익

마이 볼~
마이 볼!

이런! 야구공이 크고
무거워서 멀리 날아가지
않잖아!

다다다다

탁

아웃입니다,
삐삐!

킬킬

두 번째 타자인
새싹브롱이 타석에
들어서네요, 삐삐!
나는
할 수 있다!
투웅
아자!
휘이익!
바둥
바둥
휘리릭
푸하하!
1 스트라이크,
삐삐!

ㅋㅋㅋㅋㅋ
너무 시시하잖아. 난 잠깐 나가서 쉬고 와도 되겠는데?
흥! 이번엔 꼭 타격하고 말 거야.
찌릿

지, 지금인가? 이런! 공이 너무 빨라서 잘 안 보여.
헉
쌔애애애애앵!

2 스트라이크, 삐삐!
또르르
엄마…, 보고 싶어요.

퉁!
휘이익
아자자!
꽉

으라차차!
부웅
3구 헛스윙,
삼진 아웃!

2 아웃!
타자 교체,
삐삐!
에이스브링의
공격 기회입니다,
삐삐!
척
괜찮아,
잘했어!
코 흥해!
우앙~
흐응!
어쩌지….
이제 한 번만 더
아웃을 당하면 그대로
게임 종료야.
크윽
꽈악
이번엔 기필코
살아 나가야 해.

후우읍
투웅
제발,
제발!
으라차차!
브링스윙!

1 스트라이크,
삐삐!
흔, 흔들리지
말자.
어흐흑

척
다크브링 님,
두 번째
종목에서 게임이
종료되겠어요.
좋아.
어서 끝내 주지.
크큭
자, 다시 공을
던지시지,
다크브링!
투웅
앗! 공이 더
빨라졌잖아?

2 스트라이크!
짝
승리가
코앞이군.

이제 정말 끝인가?
단 한 번의 기회가
남은 상황인 데다가
삐질
진루는
해 보지도
못하다니….

번뜩
자, 잠깐!

야구는 공이 아닌
주자가 루를 돌아
홈으로 들어와야
점수가 나는 경기야.
굳이
야구공을 세게 쳐서
초대형 글러브가
노리고 있는 외야로
보낼 필요는 없어.
흠

삐삐! 절체절명 위기의 순간입니다, 삐삐!

휘익

퉁!

잘 가라, 에이스브링!

!

좋아, 지금이다!

휘이익
슥
오잉?
저건 뭐 하는
동작이지?
에이스브링이
번트 기술을
시도하려나 봅니다,
삐삐!
퉁
맞, 맞혔다!
앗!
안 돼!
!
!
통
통

*인사이드 더 파크 홈런: 타구가 펜스를 넘기지 않았음에도 타자가 1루, 2루, 3루를 돌아 홈으로 들어오는 상황

제3장
핑퐁핑퐁
주고받아라, 대형 테니스!
!
G

G
G
A
B

휙
휙
정말 손에 땀을 쥐게 하는 플레이였어요.

훗
일부러 더 극적이게 보이려고 의도한 거야.
으쓱
형이 말이야~ 게임 한 번만 하면 바로 감을 다 잡는다고!
거짓말.

전 먼저 갑니다~!
흥
새싹브롱, 어디 가! 같이 가!

아, 아무도
안 계시나요?
슥

으스스
에, 에이스브링…
뭐가 나올 것 같아요!
너, 너무 무서워요!

저를 부르셨나요,
삐삐?
스윽
꺄악!
새싹브롱이
살려~!
같이 가!

앗…!
킬킬

훠
이
이
세 번째 라운드,
테니스공 주고받기
경기에 오신 걸
환영합니다, 삐삐!
고대 이집트 유적을
배경으로 한 경기장에서
펼쳐지는 이번 경기는,
상대의 코트에
테니스공이 계속
머물게끔만 하면
됩니다, 삐삐!
이번에도
옷이 바뀌었네?
크윽
두리번
방식은 2대2,
복식 경기로
펼칩니다.
VS
무엇보다 동료와의
협동심이 가장 중요하니,
이 점 잊지 마세요! 삐삐!

걱정 마, 새싹브롱. 이번에도 나만 믿고 따라와.

스윽

먼저, 테니스를 잘하려면 탄성에 대해 알아야 해.

탄성은 외부 힘에 의해 형태가 바뀌었을 때 원래대로 돌아가려는 성질을 말하는데….

테니스 라켓에 있는 줄은 바로 이 탄성력이 매우 좋아서, 라켓의 가운데 부분에 정확히 공을 맞히면

손쉽게 상대편 코트로 공을 보낼 수 있어. 그러니 공이 라켓 가운데에 오게끔 잘 집중해 봐.

곧 경기를
시작하겠습니다!
서브는
에이스브링 팀이
먼저 하겠습니다, 삐삐!
형~ 서브가
뭐예요?
킬킬
??
크크
우리가 먼저 공을
상대편에 보내란
얘기야.
꼬옥

게임~
스타트!

위를 보세요,
삐삐.

위?

깜짝

까악! 저게
뭐야!

어마어마하게 거대한
테니스공이잖아?

통

띠요옹
공이 탄성에 의해 다시 올라올 때….
지금이다!
받아라, 브링스매싱!
타앙
휘이익
공이 무슨 탱탱볼인 줄 알았네. 사이즈가 큰 데다 엄청 가볍잖아?
볼 컨트롤이 쉽지 않겠어.

타앙
받아라!
오우~
제법인걸!
후다닥
타앙
다시 한번
받아라!

이번엔 제가
넘길게요.
슥
탕
타앙
하앗!
이번에는
나에게 맡겨.
타다닷

휘이익

공이 크다 보니 생각보다 속도가 빠르지 않아서 리턴하는 데 그렇게 어렵지 않은걸?

뭐, 별거 없잖아?

타앙

30

저 숫자는 뭘까요?

킬킬

탕!

이제 재미있어지겠군. 받아라!

29

남은 랠리 횟수인가? 아니야. 그럴 리 없어.

순번이 잘못 걸리면 게임 결과가 실력이 아닌 운에 의해 결정될 수도 있으니까.

29
삐-
28
삐-
27
삐-
앗!
남은 랠리 횟수가 아니라,
남은 초인가 봐요!
그, 그럼…!
시, 시한 폭탄?
딩~동~댕! 0이 되면
테니스공이 폭발하니,
폭발 직전에는 상대편으로
공을 보내셔야 합니다,
삐삐삐!
26
우왕좌왕

우리 팀은
이번 경기에서 져도,
다음 기회가 또 있으니까
전혀 불안하거나
두렵지가 않지!

탕

팅

으아아…!
빨리 넘겨야 해.

하하, 엄청
주눅 들었는걸!

푸하하하

탕

이런~ 졸지에
폭탄 돌리기 게임으로
바뀌다니….

일단 잘
넘기자.

휘익

다급한 마음에
빠르게 상대편으로
공을 넘겼지만,

랠리를 계속하다
운이 없어서 우리
쪽에 와서 터지면
게임 끝이야.

잠깐! 빨리
상대편에 보내는 게
의미가 없다면…,

차라리
더 오랫동안 상대 팀에
공이 머물게 하면
어떨까?

그래,
그거야!

이렇게 라켓을
아래에서 위로 최대한
강하게 휘둘러서….
테니스 공을
머리 위로 높이
올려 보내면…!
슥
휘이익
퍼억
높은 위치 에너지를
갖게 되기 때문에
내려오는 데 한참 걸려서
분명 상대편 머리 위에서
폭발할 거야!

휙이이
4

역시
얼마 안 남았어!

삐-
삐-
삐-
삐-
삐-
삐-

앗!
안, 안 돼!

으

아
아
아!
아

삐삐! 테니스공 폭탄이
다크브링 쪽에서 터져서
계속 머물러 있는 관계로,
퍼어엉
됐다!
삐삐! 이번
테니스 경기 역시
에이스브링 팀이
승리를 차지합니다,
삐삐!
우아
와아!
우리가 또
이겼다!
음하하!
어떠냐?
나의 이 게임
아이큐가!
흐엉엉

제4장 쏘옥쏘옥 담아라, 큰 바구니 농구!

BRING
BRING

펑
이번에도
스테이지
클리어!
휘이익
이번
테니스 경기장에도
에이스브링 얼굴이
그려져 있어요!
히죽

뭐…. 당연한
결과지.
훗
자~ 그럼 어서
다음 스테이지도
정복하러 가 볼까?

헉
BRING
희한하게 생긴
경기장이네.
BRING

BRING
헉
대체
어떤 경기인지 감이
전혀 안 와요.
BRING

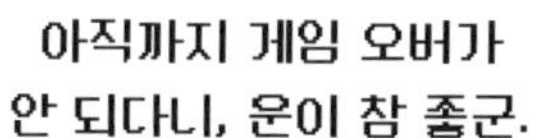

저기 큰 바구니와 관련된 종목이 아닐까요?

그런 것 같기도 하고….

츠 츠 츠

팟

삐삐! 네 번째 경기인 '과일 농구공 담기' 경기장에 온 걸 환영합니다, 삐삐!

룰은 간단합니다, 삐삐! 각도 조절이 되는 발사대에서….

삑삑인지 빽빽인지. 인기척 좀 내고 나타나면 안 돼?

삐삐! 제 이름은
삐삐입니다, 삐삐!
두
둥
미, 미안.
아무튼 발사대에서
과일 모양의 농구공이
발사되는데요,
여기서 잠깐!!
크흠
후우

시합은 2인 1조로 진행됩니다, 삐삐!
공격을 맡은 에이스브링 팀 한 명이 위아래 발사 각도만 조절 가능한 발사대에서 농구공을 발사하면,
나머지 한 명이 바구니를 들고 좌우로 움직이며 농구공을 받으면 됩니다, 삐삐!
VS
단, 수비를 맡은 다크브링 팀은 날아오는 공을 나무 다리 위에서 블록할 수 있습니다, 삐삐!
척
모조리 막아 내겠다!
내 전문이군. 난 방해하기 위해 태어난 존재라고. 음하하!
수비 팀의 방해에도 불구하고 무사히 바구니에 공을 넣으면 1점을 얻고, 총 10번의 기회 중 6번 이상을 성공해야만 게임에서 승리할 수 있답니다, 삐삐!
복숭아 바구니에 공을 넣는 농구라니, 기발한 발상이야!
실제 농구 경기가 복숭아 바구니에 공을 던져 넣던 놀이에서 유래했으니까….

새싹브롱! 내가
바구니에 공을 받을 테니
넌 공을 발사해.
네가 들기엔
너무 커서
그래.
네에.
슛을 발사하는 선수는
제가 데려다주도록
하겠습니다, 삐삐!
더 쫄깃한 승부를 위해
수비 팀에게는
특별 방어 아이템을
드리겠습니다, 삐삐!
오예!
팟
팟
바로, 철썩찰싹
파리채입니다,
삐삐!
이 도구가 있으면
에이스브링 팀을
무득점으로
막을 수 있겠어요.
뽕
뿅
마음에 드는군.

흥! 내 게임 인생에
0점은 단 한 번도 없거든?
두고 봐. 내 화려한 공 받기
컨트롤을 보여 주겠어.
씩씩
화르륵
추욱
새싹브롱!
이번에도 걱정하지 마.
골대가 이동식이니까
낙구 지점이 살짝 빗나가도
내가 다 받아 줄게.
네에~.
1
2
삐삐!
모두 준비하시고,
척

30°
드르륵
퍼엉!
퐁
파리채 블록!
BRING

이럴 수가!
1
2
3
4
2번 발사대에서는
꼭 성공하겠어.

자~ 와라!

30°
드르륵
펑!

아자자!
띠용~
아! 다크브링 팀이 철옹성 같은 수비력을 보여 주고 있습니다, 삐삐!
발사 각도가 너무 낮아. 그러니 파리채한테 번번히 막히지. 공이 더 높게 날아와야 해.
1
2

새싹브롱!
발사 각도를 더 크게
조절해 봐.
네!

1
2
3
4
샤샤삭
75°
드르륵

터엉
내 말대로 높이
발사하긴 했는데….
뭔가 불길한걸?

피요옹

엥?

퐁당

팡

75°

다, 다시!

헤헤, 손 안 대고
코풀기인 건가?

퐁당

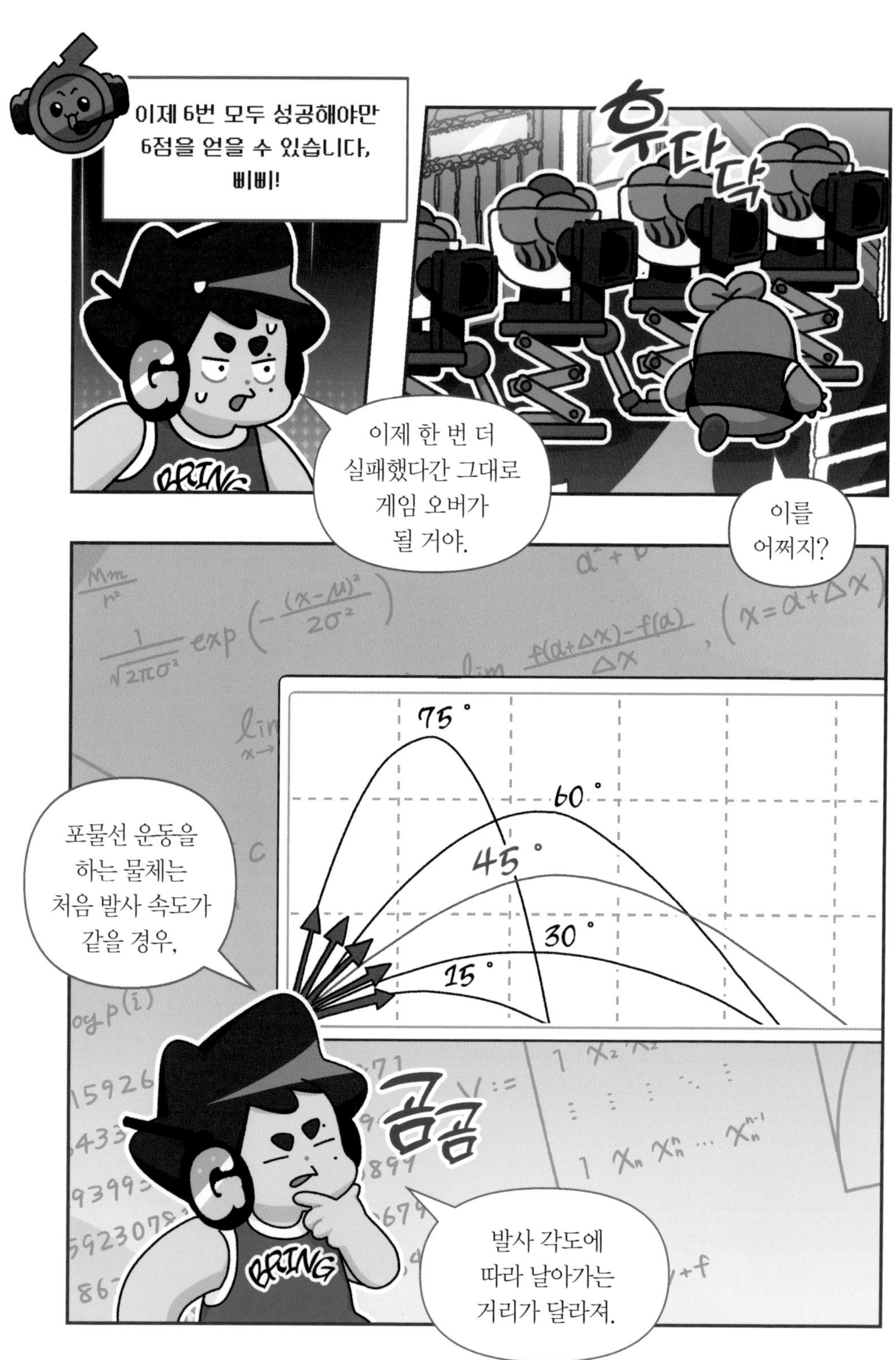
이제 6번 모두 성공해야만
6점을 얻을 수 있습니다,
삐삐!
후다닥
이제 한 번 더
실패했다간 그대로
게임 오버가
될 거야.
이를
어쩌지?
75°
60°
45°
30°
15°
포물선 운동을
하는 물체는
처음 발사 속도가
같을 경우,
곰곰
발사 각도에
따라 날아가는
거리가 달라져.

그래~!
약속의 45도!
기적의 45도!
번뜩
발사 각도를 중간쯤인 45도 정도로 맞췄을 때가 너무 높지도 너무 낮지도 않은 적절한 포물선을 그리면서 가장 멀리 날아가지.
뭐라고, 혼자 중얼거리는 거야?
찌릿
하!
새싹브롱! 발사대의 각도를 45도로 맞추고 다시 시도해 봐!
아… 네에….

45°
45도라….
제발 성공해라.
이번마저 실패하면
게임 오버라고!
드르륵
공이 제 쪽으로 와요.
완벽하게 막아 내서
게임을 여기서
마무리 지을게요!
펑
휘이익
앗, 이런!
헛손질?
그렇지!

슈슉
우아아!
BRING
삐삐!
에이스브링 팀,
1점!
빙
그
르
르
장거리 슛
성공!

잘했어, 새싹브롱!
자, 똑같이 다시
해 보자고!
네에!
터엉
쑤욱
삐삐!
에이스브링 팀,
2점!
휘이익
골~
3점, 삐삐!

골~!
4점, 삐삐!

슈웅

쏙

아홉 번째 공도 성공!
총 5점 획득입니다,
삐삐!

저런~! 계속
들어가잖아?

45°

파앙

무릎
다크브링 님,
저한테 맡기세요.
펄쩍
이야합! 받아라,
다크브롱 블록!
아, 안 돼!
키가 모자라!
파닥
파닥
옳지,
여기로 와라!
샤삭
좋아!
공이 떨어질
예상 지점으로,
미리
가 있으면…!

슈
토옹
제발~!
데구루루
짜안
에이스브링 팀!
마지막 공까지 넣어서,
승리 조건 점수인
6점을 획득합니다, 삐삐!
으아
아앙
우아아
삐삐, 농구공 담기 게임
역시 에이스브링 팀의
승리!

제5장
쓱싹쓱싹
문질러라, 긴긴 빙판 컬링!

우우웅

흔들
흔들

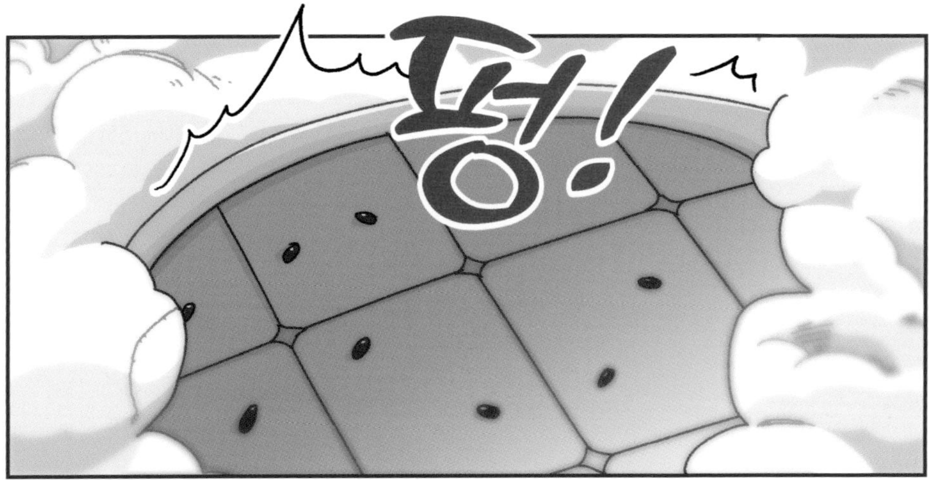
펑!

꺄울!
응?
아고고,
엉덩이야!

아무리 봐도, 내 미모보다
너무 못생기게 나왔단 말이지.
나 화면발 별로 안 받나?
카메라 마사지라도
받아야 할까? 응?
어떻게 생각해, 새싹브롱?
…

빨리 게임이나
하러 가야지….

왜 혼자 가?
새, 새싹브롱!
내 말 듣고 있어?

후다닥
나도
같이 가~!

삐삐! 여기는
마지막 경기가 펼쳐질
컬링 경기장입니다.
우아아
우아아
이곳에서 아주 색다른
컬링 경기가 시작될
예정인데요, 삐삐!
이번 컬링 경기는
2인 1조 팀 경기로
진행됩니다, 삐삐!
에이스브링
새싹브롱
VS
다크브롱
다크브링

삐삐! 경기는 다크브링 팀이
먼저 플레이를 한 뒤,

에이스브링 팀이
이어서 플레이하는
방식입니다, 삐삐!

*하우스: 동심원 모양의 목표 지점

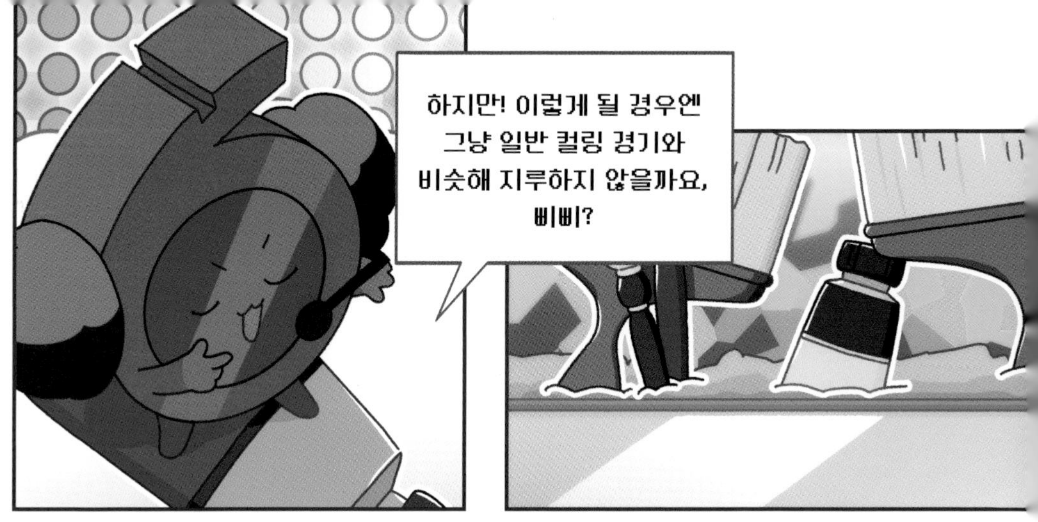
하지만! 이렇게 될 경우엔
그냥 일반 컬링 경기와
비슷해 지루하지 않을까요,
삐삐?

5배 더 커진 스톤 크기만큼,
경기장 길이 역시
5배는 더 길어졌습니다,
삐삐!

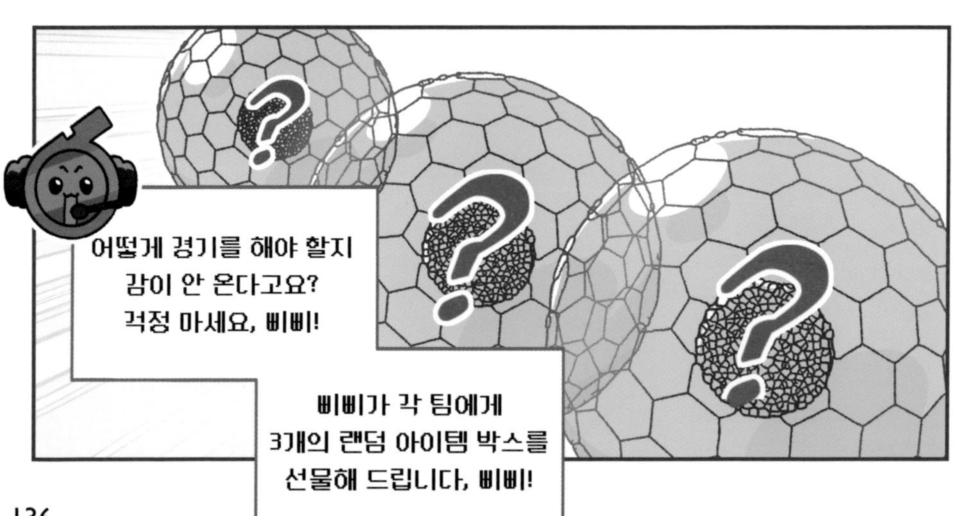
어떻게 경기를 해야 할지
감이 안 온다고요?
걱정 마세요, 삐삐!
삐삐가 각 팀에게
3개의 랜덤 아이템 박스를
선물해 드립니다, 삐삐!

그래서 각 팀의 한 선수가
직접 스톤에 올라가
경기를 펼칠 겁니다!
걱정 마세요,
무선 통신 기능도
겸비했습니다, 삐삐!

저, 저게
뭐야!

아이템은 경기 중
아무 때나 사용
가능합니다, 삐삐!
필요한 순간에
사용하세요, 삐삐!

다크브링 팀!
부스터, 반시계 방향 회전,
브레이크 아이템을
획득했습니다, 삐삐!

팟

팟

반면 에이스브링 팀은
긴 유화 붓, 시계 방향 회전,
물음표 아이템을
획득했습니다, 삐삐!

이 물음표
아이템은 뭐죠?
제가 특별히 준비한
랜덤 속의 랜덤
아이템입니다, 삐삐!
그런 말도
안 되는….
진정해요,
에이스브링!
자, 그럼 경기를
시작해 볼까요? 삐삐!
물음표 아이템은
과연 어떤 효과가
있을까요?
흠, 불안한데….
꼭 사용해야 할까?
으으

먼저 플레이 할
다크브링 팀은
준비하시고,
이번에는
우리 승리다
킬킬
출발하세요!
꾸욱
타다닷
타
앗

팟
슈
팟
그럼, 먼저 추진력 좀 올려 볼까?

슈우웅
헉! 빠, 빠르다!

다크브롱! 스톤이 살짝 오른쪽으로 치우쳤으니 반시계 방향 회전 아이템을 사용해!

스톤과 얼음 바닥 사이의 마찰력을 활용하면, 스톤의 움직이는 방향을 바꿀 수 있어.

스톤이 반시계 방향으로 회전할 경우, 진행하던 방향의 왼쪽으로 휘고…,

반대로 스톤이 시계 방향으로 회전하면 오른쪽으로 휘게 되지.

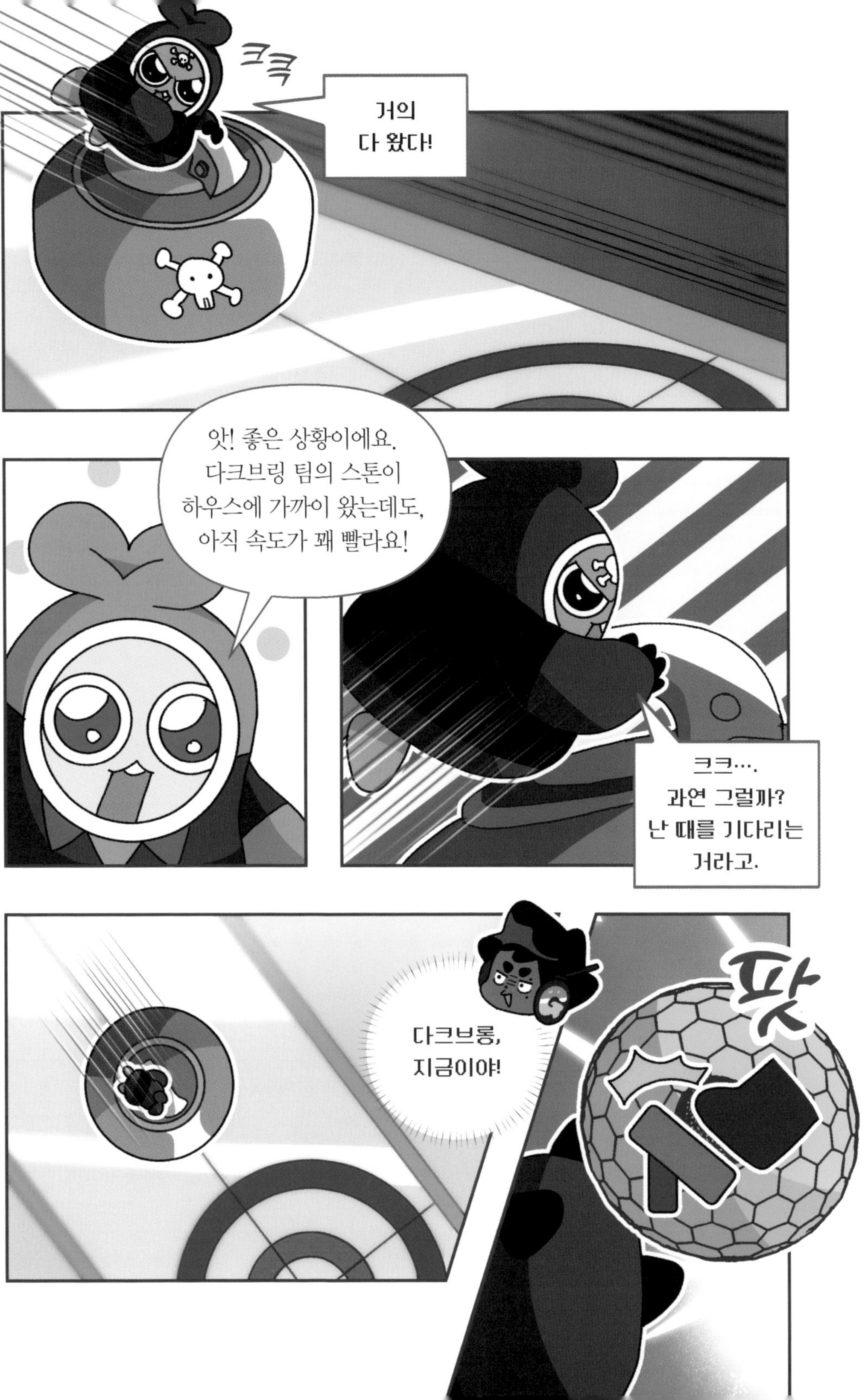

크큭

거의 다 왔다!

앗! 좋은 상황이에요. 다크브링 팀의 스톤이 하우스에 가까이 왔는데도, 아직 속도가 꽤 빨라요!
크크…. 과연 그럴까? 난 때를 기다리는 거라고.

다크브룽, 지금이야!
팟

팡
앗!
설마?
스르륵
멈칫
삐삐! 대단합니다!
다크브링 팀의 스톤이
하우스 거의 정중앙에
위치했습니다!
다음으로 플레이 할
에이스브링 팀,
바로 준비해 주세요,
삐삐!

삐삐삐! 그럼,
에이스브링 팀
준비하시고….
으아~. 다크브링 팀
성적이 엄청 좋아서
걱정이에요.
꾸욱
아직 승패가
결정된 건
아니야!
게임 시작!
스르륵
새싹브롱!
할 수 있지?
한번
해 볼게요.

사사삭

붓이 열심히 빙판을 닦아 마찰열을 일으키면,

맞닿는 부분의 얼음이 녹아 물로 바뀌면서 수막이 생겨.

스스슥

그렇게 되면 얼음판의 마찰력이 줄어들어

자연스레 스톤의 속도가 빨라지지.

슈웅

우아! 정말 속도가 빨라지고 있어요!

응? 스톤이
살짝 왼쪽으로
치우쳐 있잖아?
새싹브롱, 지금이야!
시계 방향 회전
아이템을 사용해!
팡
네!
스르륵
와~! 경로가
바뀌고 있어요!

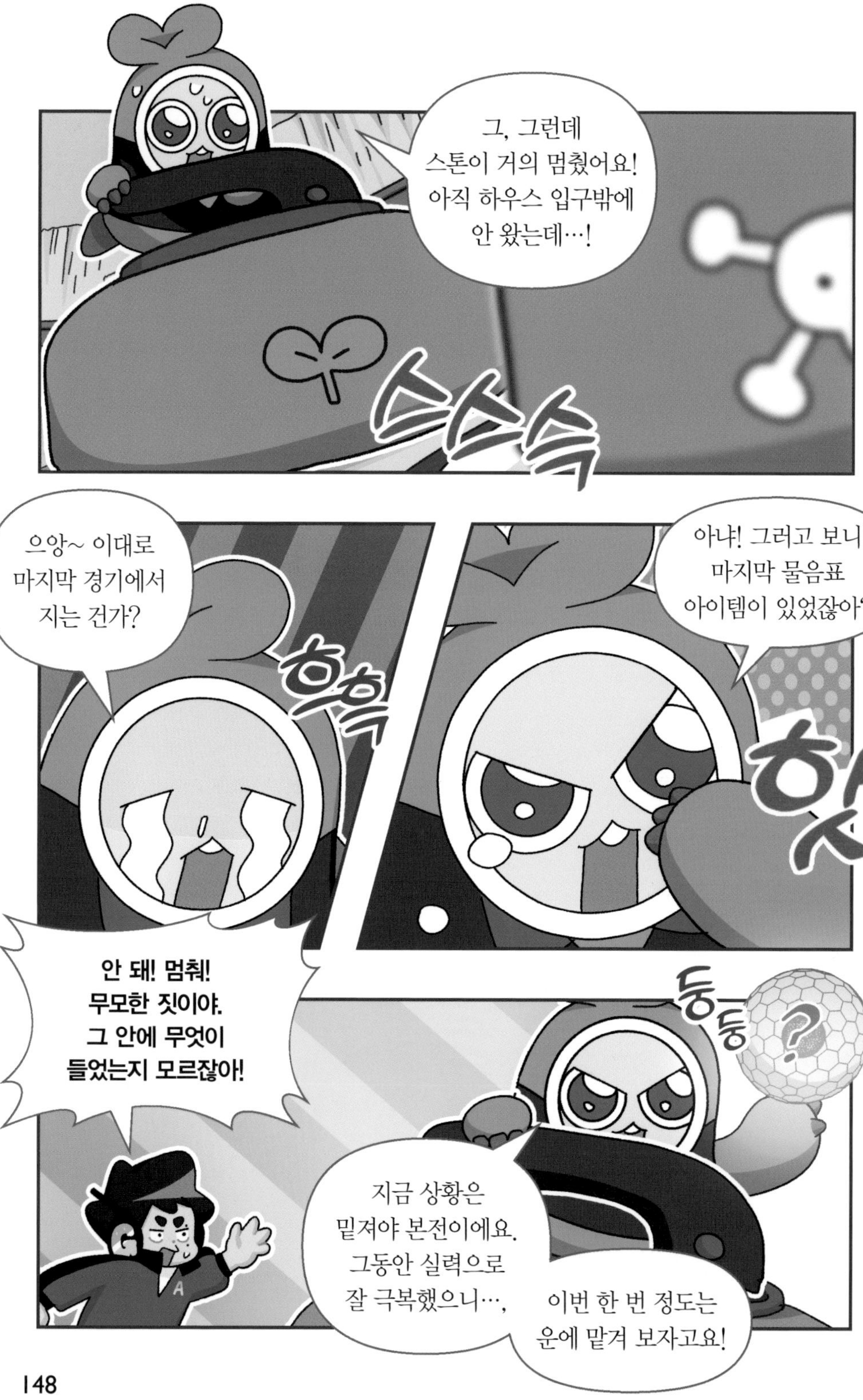

으앙~ 이대로 마지막 경기에서 지는 건가?

흐윽

아냐! 그러고 보니 마지막 물음표 아이템이 있었잖아?

핫

안 돼! 멈춰! 무모한 짓이야. 그 안에 무엇이 들었는지 모르잖아!

둥둥

지금 상황은 밑져야 본전이에요. 그동안 실력으로 잘 극복했으니…,

이번 한 번 정도는 운에 맡겨 보자고요!

파아악

눈부셔!

마, 말도 안 돼!
스톤이 커지고
있잖아?

부우욱

삐삐! 거대 스톤의
막판 밀치기로
이번 경기 역시
에이스브링 팀의
승리입니다, 삐삐삐!
두
둥
완패하고
말았어.
이, 이게 뭔 일이래.
이겨 버렸네….
이렇게
또 지다니….

펑!
휘이익
와~ 마지막 경기장에도
에이스브링의 얼굴이
그려졌어요!
짠
우다다
내가 뭐랬어!
다크브링은 나한테
안 된다고 했지?
헉
그게 중요한 게
아니라…. 뒤!
헉
응? 뒤에서
무슨 소리가….
꺄울!
우리를
이곳으로 데려온
자전거잖아!
두두두두

에필로그
GG
띵동 띵동
택배 왔습니다~!

겜브링 님,
여기요.
감사합니다!

토도돗
룰룰루~!

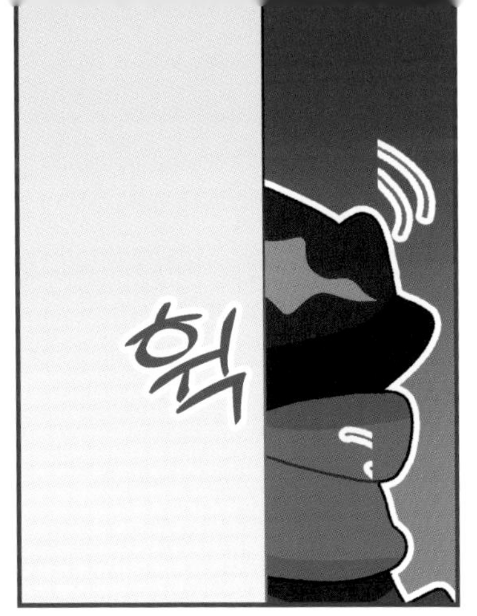
훠

탁

겜브링 형~
아까 초인종이
울리던데….
ZZZ
형!
이게 다 뭐예요?
스윽
깜짝
그, 그게….

대운동회 게임에서
내가 또 멋지게
활약했잖냐.
그러다 보니
운동이 재밌어져서
조금씩 해 볼까 하다가
그만 충동 구매를….
짜안
울끈 불끈
브롱E~, 형 어때?
형 몸짱 같아?
아뵤~! 진짜 좀
히어로 같지?

뭐, 운동에 취미를 붙인 건 좋네요. 마저 하세요. 전 그럼 이만….
브롱E~, 그러지 말고 이번엔 가정용 홈 트레이닝 게임을 만들어 주면 안 돼?
상관은 없는데…. 지금 게임스쿨 네 번째 게임을 만드는 중이라… 그 일이 끝나면 만들어 볼게요.
후후
터엉
형?
후다닥
벌써 〈겜브링 게임스쿨〉 네 번째 게임을 만들고 있었다니…! 거, 걸음아 겜브링 살려라!

2024년 11월 15일 1판 1쇄 발행

원작 | 겜브링
글 | 체리 **그림** | 작은비버
감수 | 샌드박스네트워크

펴낸이 | 나성훈
펴낸곳 | (주)예림당 **등록** | 제2013-000041호
주소 | 서울시 성동구 아차산로 153 **홈페이지** | www.yearim.kr
구매 문의 전화 | 561-9007 **팩스** | 562-9007
책 내용 문의 전화 | 3404-9271
ISBN 978-89-302-8303-8 74400
978-89-302-8300-7 (세트)

기획·편집 | 민홍기 / 남진솔
디자인 | 루기룸
제작 | 신상덕 / 박경식
콘텐츠제휴 | 문하영 **마케팅** | 임상호 전훈승